Charles Martins

Les Preuves de la théorie de l'évolution en histoire naturelle

Essai

 Le code de la propriété intellectuelle du 1er juillet 1992 interdit en effet expressément la photocopie à usage collectif sans autorisation des ayants droit. Or, cette pratique s'est généralisée dans les établissements d'enseignement supérieur, provoquant une baisse brutale des achats de livres et de revues, au point que la possibilité même pour les auteurs de créer des œuvres nouvelles et de les faire éditer correctement est aujourd'hui menacée. En application de la loi du 11 mars 1957, il est interdit de reproduire intégralement ou partiellement le présent ouvrage, sur quelque support que ce soit, sans autorisation de l'Éditeur ou du Centre Français d'Exploitation du Droit de Copie , 20, rue Grands Augustins, 75006 Paris.

ISBN : 978-1542606929

10 9 8 7 6 5 4 3 2 1

Charles Martins

Les Preuves de la théorie de l'évolution en histoire naturelle

Essai

Table de Matières

Introduction   6

I. — continuité de la création. — atavisme.   7

II. — transitions entre les êtres organisés. — non-existence de l'espèce.   18

III. — preuves tirées de l'embryologie. — accord du principe de l'évolution avec la méthode naturelle.   22

Notes   28

INTRODUCTION

La science n'a pas de prétention à la vérité absolue, elle ne connaît que des faits constatés ou des théories dont la probabilité, voisine de la certitude, repose sur la concordance des preuves accumulées qui militent en faveur de ces théories. Ainsi en astronomie la rotation de la terre sur elle-même et autour du soleil est un fait confirmé par toutes les observations directes et tous les calculs. Il en est de même de la théorie de l'attraction. Quand Newton en formula les lois, des objections se produisirent de toutes parts : elles furent toutes réfutées, et les progrès ultérieurs de la mécanique céleste confirment tous les jours l'existence de ces lois. En physique, la théorie de la transformation des forces, quoique d'origine récente, domine déjà la science tout entière ; les difficultés disparaissent à mesure qu'elles surgissent, et tous les jours des preuves nouvelles s'ajoutent à celles que l'on connaissait déjà. Chaleur, lumière, électricité, magnétisme, ne sont pas des agents distincts, des fluides impondérables, comme on disait autrefois, ce sont des modes de mouvement. En chimie, la théorie moderne de l'atomicité rend compte non-seulement de la nature des combinaisons connues, mais, permettant en outre de prévoir les combinaisons possibles, elle devient une puissante méthode d'investigation qui enfante tous les jours de nouvelles découvertes. En physiologie, la doctrine des actions réflexes, malgré son origine récente, s'affermit également par l'addition des observations et des expériences nouvelles qui la confirment.

Comme celui de la physiologie, l'objet des sciences naturelles est plus complexe que celui des sciences astronomiques, physiques ou chimiques ; les faits sont moins simples, moins nets, les phénomènes plus compliqués, les expériences moins sûres, les déductions plus difficiles. Dans l'être organisé, végétal ou animal, des appareils multiples et variés remplissent des fonctions différentes qui s'influencent réciproquement. Les formes ne sont plus géométriques comme celles des astres et des cristaux : elles sont variables avec l'âge, puisque les êtres vivants naissent, s'accroissent et meurent. L'ensemble de ces êtres constitue une série progressive qui se compose de créatures de plus en plus parfaites, depuis ces organismes élémentaires et ambigus, intermédiaires entre le végétal et l'animal, jusqu'à l'homme, glorieux couronnement du règne organisé. Récemment encore aucune loi générale ne reliait ces êtres entre eux : on avait reconnu leurs affinités réciproques, traduites par la méthode naturelle en botanique et en zoologie ; mais la cause de ces affinités, celle du développement individuel, les liens qui unissent les végétaux et les animaux fossiles aux végétaux et aux animaux vivants, étaient inconnus. La théorie de l'évolution, émise par Lamarck [1] dès 1809, philosophiquement comprise par Goethe, définitivement formulée par Charles Darwin et développée par ses disciples, relie entre elles toutes les parties de l'histoire naturelle, comme les lois de Newton ont relié entre eux les mouvements des corps célestes. Cette théorie, connue aussi sous les noms de darwinisme, transformisme, théorie de la descendance, a été maintes fois exposée. Mon but dans cette étude est de montrer qu'elle a tous les caractères des lois newtoniennes, et qu'elle s'appuie comme elles sur une concordance de preuves qui se multiplient tous les jours. Au jugement des esprits non prévenus et suffisamment doués, elles lui donnent donc le caractère de probabilité voisine de la certitude, *postulatum* de la vérité dans les sciences positives.

I. — continuité de la création. — atavisme.

Le point de départ de la doctrine de l'évolution, c'est la *continuité de la création* sur la terre, depuis la première apparition des êtres organisés jusqu'à l'heure actuelle. Cette continuité est une découverte des temps modernes. Au commencement et même au milieu du XVIIIe siècle, les naturalistes ne connaissaient guère que les végétaux et les animaux vivants. La paléontologie n'était pas encore née. Cependant, dès la fin du XVIe siècle, deux grands artistes, Léonard de Vinci et Bernard Palissy [2] avaient déjà annoncé que la terre renfermait des coquilles qui avaient vécu dans le sein de mers disparues dont le fond émergé constituait le squelette des continents actuels. Leur œil exercé avait reconnu l'analogie de ces formes nouvelles avec les formes connues des coquilles vivantes ; mais c'est seulement un siècle plus tard que cette vérité fut établie scientifiquement par Stenon et Hooke, puis vulgarisée par Buffon. Les progrès de la paléontologie ne pouvaient être rapides. Les matériaux dont elle se sert, enfouis dans les profondeurs de la terre, ne sont le plus souvent restitués à la lumière que par des fouilles entreprises dans une intention toute différente : c'est le hasard qui les met au jour, et la plupart de ces restes négligés, dispersés, oubliés, souvent détruits, sont perdus pour l'étude. On ne recueillit d'abord que des débris animaux, ossements, carapaces et coquilles, les empreintes végétales conservées dans le sein de la terre passaient complètement inaperçues. On savait seulement qu'il existait des bois silicifiés fossiles, semblables au bois de nos arbres vivants.

L'ignorance de la paléontologie se compliquait chez Linné et ses contemporains d'une idée préconçue : ils admettaient *a priori* que les espèces avaient été créées l'une après l'autre, qu'elles jouissaient d'une existence propre et se distinguaient par des caractères dits *spécifiques* se transmettant héréditairement par voie de génération. Ces naturalistes étaient convaincus que ces espèces n'avaient d'autre lien entre elles qu'une ressemblance plus ou moins étroite avec d'autres espèces auxquelles on les réunissait pour constituer le groupe conçu sous le nom de *genre* par Tournefort. Ce préjugé, joint à l'absence de toute notion paléontologique, empêchait le progrès qui s'est accompli depuis ; il se faisait dans une autre direction : la botanique, science purement descriptive à cette époque, avait devant elle la tâche immense de découvrir, de reconnaître, de décrire et de classer les végétaux vivants à la surface du globe : elle y suffisait à peine, et l'inventaire est loin d'être achevé.

La paléontologie systématique est l'œuvre du XIXe siècle. Sous l'impulsion de Cuvier, celle des animaux devança celle des végétaux. Cependant ceux-ci sont étudiés à leur tour par Schlotheim, Adolphe Brongniart, Corda, Lindley et Goeppert ; mais, la plupart des animaux et des végétaux découverts dans le sein de la terre paraissant fort différents de ceux qui vivent actuellement, on en avait conclu qu'il y avait discontinuité complète entre la création des êtres organisés vivants et celle des corps organisés fossiles. Le génie de Cuvier n'avait cependant pas méconnu que les espèces éteintes rentraient dans le cadre général du règne animal et comblaient certaines lacunes entre les différents ordres dont il se compose ; mais il n'admettait pas que les animaux vivants fussent les descendants de leurs ancêtres disparus. La géologie de cette époque était favorable à l'opinion de Cuvier : elle enseignait que la terre avait été le théâtre de grandes révolutions, de cataclysmes épouvantables dans lesquels tous les êtres créés avaient péri. Le déluge biblique, origine première de ces idées préconçues, était un exemple et une preuve de ces cataclysmes. Il y a plus : le soulèvement des montagnes, attesté par le redressement et le contournement des couches déposées d'abord horizontalement au fond de la mer, apparaissait aux yeux des géologues comme un phénomène violent et subit comparable à un changement à vue sur la scène de l'Opéra lorsque les montagnes surgissent au coup de sifflet du machiniste. Ces soulèvements semblaient être la cause de cataclysmes périodiques entraînant la destruction de tous les animaux et de tous les végétaux existant alors. La science moderne a fait justice de toutes ces suppositions. Éclairée par la physique du globe et la paléontologie, l'histoire de la terre nous enseigne que notre globe n'a pas été le théâtre de révolutions périodiques. Ses archives, représentées par les différentes couches qui composent l'écorce terrestre, renferment les débris d'une succession d'animaux et de végétaux commençant par les organismes les plus simples et se terminant par les plus complexes. Semblables aux inscriptions et aux médailles sur lesquelles s'appuie la chronologie de l'histoire, ils nous dévoilent la progression des êtres depuis les terrains les plus anciens jusqu'aux plus modernes. La continuité avec les espèces actuellement vivantes ne saurait être niée désormais : il n'y a pas d'hiatus dans la création.

Donnons d'abord quelques exemples empruntés à la botanique. Dans nos jardins et dans nos bois, nous sommes entourés de végétaux qui vivaient aux époques géologiques antérieures à l'époque moderne. Deux espèces d'érables [3], le hêtre, le sapin argenté, le noyer d'Amérique à feuilles cendrées, le grenadier, l'arbre de Judée, le laurier-rose, les pistachiers lentisque et térébinthe, l'arbre aux quarante écus [4], existaient déjà pendant l'époque tertiaire. Le climat de cette époque ayant été plus chaud que celui de la nôtre, on les retrouve à l'état fossile dans des localités où ils ne pourraient plus vivre actuellement : le grenadier aux environs de Lyon, le laurier des Canaries en Provence, le gincko au Spitzberg, en Sibérie et au Groenland, à des latitudes où aucun arbre ne peut résister

I. — continuité de la création. — atavisme.

actuellement à la violence des vents et aux rigueurs de l'hiver. On a retrouvé le même arbre à l'état fossile près de Sinigaglia en Italie. Ainsi donc le gincko, qui date de l'époque jurassique, s'est propagé en rayonnant pendant l'époque tertiaire du pôle vers les régions méridionales. Partout il a succombé par suite de changements climatologiques auxquels il a été soumis, excepté en Chine et au Japon, où il est encore à l'état sauvage. Réintroduit en Europe en 1754, il s'accommode très bien des climats de l'Angleterre, de la France et de l'Italie. Voilà donc un arbre fossile encore vivant, ainsi que ceux mentionnés précédemment avec lui. Il en est de même du laurier-rose (*Nerium oleander*). Spontané dans le Var, la rivière de Gênes, la Sicile, le midi de l'Espagne, la Grèce, la Syrie, etc., il a été trouvé fossile dans les grès tertiaires inférieurs de la Sarthe, dont le climat présent lui serait mortel.

Ces deux exemples, auxquels nous pourrions en joindre beaucoup d'autres, suffisent pour démontrer que la flore actuelle n'est que la continuation de la flore fossile, puisque des espèces enfouies dans le sein de la terre vivent encore à sa surface ; mais le plus souvent l'identité des formes fossiles avec les formes vivantes n'est pas absolue : on trouve de légères nuances. Comment s'en étonner, puisque le climat auquel l'espèce actuelle s'est accommodée est différent de celui auquel l'espèce fossile était soumise ? Les influences du milieu ambiant sont encore manifestes de nos jours. En voyageant du sud au nord, ou en s'élevant de la plaine sur les Alpes et les Pyrénées, on voit les espèces se modifier. Les botanistes leur ont donné souvent des noms différents, mais on reconnaît très bien l'identité originelle en suivant pas à pas les modifications successives qu'elles subissent [5]. Le voisinage de la mer, l'humidité plus ou moins grande de l'atmosphère, la nature et la composition chimique du sol produisent des effets semblables. Il est grand, le nombre des espèces vivantes que l'on peut rattacher ainsi par voie de comparaison aux espèces fossiles ; mais il en est beaucoup aussi dont la généalogie n'est pas encore établie et ne le sera peut-être jamais. Toutefois on peut affirmer dès aujourd'hui que la flore actuelle est, par voie de descendance, la continuation de la flore tertiaire.

Cette descendance nous est encore démontrée par les phénomènes d'*atavisme* que nous présente le règne végétal. On entend par atavisme la réapparition chez les descendants de caractères ou de particularités qui existaient chez les ancêtres. En voici quelques exemples. Le gincko, dont nous avons parlé, a les feuilles d'une fougère, le tronc d'un arbre de la famille des conifères, des fleurs mâles en chatons comme celles des amentacées (peupliers, bouleaux, etc.), et une graine nue comme celle des *Cycas*. Ces faits et d'autres plus minutieux prouvent que les fougères sont les ancêtres communs de cet arbre et des cycadées ; il possède en outre, par anticipation, les chatons mâles des amentacées, qui lui succéderont dans l'ordre hiérarchique des végétaux, ordre identique à celui de la succession des végétaux dans l'échelle des terrains géologiques. Tout le monde connaît le vulgaire chardon roulant de nos terrains stériles ; il fait partie du genre *Eryngium*, famille des ombellifères. Cette famille appartient à l'embranchement des *Dicotyledones*, et comme toutes les plantes qui germent avec deux feuilles séminales, la plupart des *Eryngium* ont des feuilles à nervures divergentes ; mais un certain nombre d'*Eryngium* américains portent de longues feuilles rubanées à nervures parallèles comme celle des ananas, des *Pandanus*, des *Agave*. Ces *Eryngium* ont donc conservé par atavisme les feuilles des végétaux monocotylédones, leurs ancêtres. Les *Arum* ou les *Smilax* au contraire, quoique monocotylédones, possèdent déjà par anticipation les feuilles divergentes des dicotylédones, leurs successeurs. De même les *Acacia* de la Nouvelle-Hollande ont, au lieu de feuilles composées comme ceux de l'Afrique et de l'Asie, des feuilles à nervures parallèles, pétioles élargis appelés *phyllodes*, analogues aux feuilles rubanaires des monocotylédones. De même encore certaines renoncules aquatiques rappellent les fluteaux (*Alisma*) de nos marais, qui appartiennent aux monocotylédones. La crainte d'entrer dans des détails trop techniques et de citer des plantes connues des seuls botanistes m'empêche de multiplier ces exemples.

Voyons si la zoologie confirme les vérités générales que la botanique nous enseigne, sachons si le règne animal actuellement vivant se continue également sans interruption avec le règne animal fossile, si les êtres qui se meuvent et se multiplient autour de nous sont les descendants de ceux dont les ossements ou les enveloppes solides reposent depuis un nombre incalculable de siècles au sein des couches géologiques. Je ne parlerai guère que

I. — continuité de la création. — atavisme.

des mammifères pour n'être pas entraîné à citer des animaux inconnus de la plupart des lecteurs. La botanique nous a appris que les grandes divisions du règne végétal, les monocotylédones et les dicotylédones, comprenant les végétaux supérieurs ou phanérogames, ont été précédés dans les dépôts plus anciens par leurs ancêtres paléontologiques immédiats, les fougères et les lycopodes. Il en est de même pour les mammifères : les plus inférieurs, didelphes ou marsupiaux de l'Australie (kangourous, thylacine, phascolôme), correspondent à des didelphes fossiles, les *Thylacotherium* et les *Phascolatherium* de l'étage jurassique de Stonesfield en Angleterre. Ce sont les mammifères les plus anciens que l'on connaisse. Ainsi, de même qu'en botanique les monocotylédones et les gymnospermes ont paru avant les dicotylédones, dont l'organisation est plus parfaite, de même les mammifères inférieurs ou marsupiaux ont précédé les mammifères plus parfaits dont l'homme fait partie. Dans les deux règnes, l'ordre paléontologique et l'ordre hiérarchique se confondent. Les êtres organisés les plus simples ont paru avant les plus complexes, les inférieurs avant les supérieurs. Étudions l'origine de quelques ordres bien connus de la classe des mammifères supérieurs.

Quel est l'observateur, artiste ou savant, peu importe, qui n'ait été frappé des formes étranges et massives de certains animaux, — éléphants, rhinocéros, hippopotames et tapirs, — qui jurent avec les formes habituelles des mammifères appartenant aux ordres voisins, chevaux, cerfs, gazelles, taureaux et moutons ? La science confirme ce que l'instinct de l'artiste fait pressentir. Ces animaux monstrueux sont pour ainsi dire des étrangers dans la création actuelle, ce sont les descendants directs et immédiats de leurs prédécesseurs éteints. Dans la faune fossile, les mastodontes ou éléphantts fossiles à molaires hérissées de tubercules, ont précédé les éléphants à molaires composées de lames verticales à surface lisse. Cautley et Falconer ont découvert dans les terrains tertiaires des collines de Siwalik, au pied de l'Himalaya, les débris d'un animal [6] que les naturalistes ont tantôt classé parmi les éléphants, tantôt parmi les mastodontes : cet animal établit donc la transition entre les mastodontes, genre éteint, et les nombreux éléphants qui lui ont succédé. De nos jours, il n'existe plus que deux espèces d'éléphants vivants. Celui de l'Inde diffère à peine de l'*Elephas antiquus* fossile, fort voisin lui-même de l'*Elephas meridionalis*, également fossile, et trouvés tous deux dans les couches pliocènes ou tertiaires supérieures de France et d'Italie. Quant à l'éléphant d'Afrique, il se rattache directement à l'*Elephas priscus* provenant des couches les plus récentes du Val d'Arno en Toscane. Ne sait-on pas aussi qu'en 1799 un pêcheur tongouse découvrit à l'embouchure de la Léna en Sibérie un éléphant en chair et en os, couvert de crins et de laine, conservé dans la glace qui l'entourait ; c'est l'*Elephas primigenius* des naturalistes. Son squelette est le plus bel ornement du musée de Pétersbourg.

La généalogie des rhinocéros est aussi évidente que celle des éléphants. La souche primitive remonte aux *Palæotherium*, pachydermes dont Cuvier trouva les os en telle abondance dans les plâtrières de Montmartre à Paris qu'il put reconstituer le squelette complet de ces animaux : l'une des espèces était de la taille d'un cheval. Ces quadrupèdes étaient munis d'une trompe comme les tapirs et avaient comme eux les os du nez très courts. Dans les rhinocéros fossiles, descendants des *Palæotherium*, les os du nez sont plus développés et portent une ou deux cornes. Le rhinocéros unicorne d'Asie se rattache à deux rhinocéros fossiles, celui de Sansan dans le Gers et celui d'Eppelsheim sur les bords du Rhin. Les affinités du rhinocéros bicorne d'Afrique avec celui provenant des argiles rouges de Pikermi, près d'Athènes, ont été signalées par un éminent paléontologiste, M. Gaudry, qui a découvert et décrit ce dernier animal sous le nom de *Rhinoceros pachygnathus*. On connaît trois espèces de tapirs vivans : une dans l'Inde, les deux autres dans l'Amérique méridionale. De véritables tapirs fossiles des terrains tertiaires supérieurs, leurs prédécesseurs immédiats, descendent eux-mêmes des *Lophiodon* du commencement de l'époque tertiaire.

Étudions encore les solipèdes, représentés actuellement par les différentes espèces de chevaux et d'ânes. Ce qui caractérise ces animaux, c'est de marcher sur un seul doigt terminé par un sabot, tandis que les pachydermes ont deux ou plusieurs doigts ; mais la paléontologie nous a fait connaître une série d'animaux par lesquels, en partant des pachydermes, on arrive insensiblement aux chevaux actuels : ainsi l'*Archippus* avait quatre doigts aux pieds de devant ; le *Palæotherium* trois, celui du milieu étant plus

---

I. — continuité de la création. — atavisme.

large que les deux latéraux, l'*Hipparion* en avait trois également, mais les deux latéraux étaient très amoindris. Enfin dans le cheval actuel les doigts latéraux sont réduits à deux stylets osseux cachés sous la peau et sans usage : l'animal marche sur un seul doigt. De même l'os extérieur de la jambe, le péroné, entier dans le *Palæotherium*, se réduit également chez le cheval à un court stylet incapable de fortifier le membre dont il fait partie. Ainsi le cheval, l'animal le plus rapide et le plus élégant de la création, descend de lourds pachydermes antédiluviens. On sait combien l'homme a pu faire varier et améliorer les races chevalines qu'il a créées par la sélection artificielle et un entraînement judicieux. L'animal a été profondément modifié dans ses formes extérieures, cependant on voit quelquefois réapparaître le second doigt ou un rudiment du cinquième métacarpien et un autre os qui existaient chez l'*Hipparion*, ancêtre du cheval. Il existe des individus qui offrent accidentellement une raie noire le long de l'épine dorsale ou des vergetures sur les flancs, indices de la parenté du cheval, de l'âne, du zèbre, de l'hémione et du dauw, chez lesquels cette raie ou ces vergetures sont constantes : nouvelle preuve qu'ils ont tous une souche commune dont ils sont les descendants diversifiés. Donnons un dernier exemple emprunté à l'ordre des carnassiers. M. Gaudry a découvert dans les argiles rouges de Pikermi, près d'Athènes, une hyène [7] intermédiaire entre la hyène rayée et la hyène tachetée vivantes qui sont ses dérivés, et trois civettes qui se rapprochent de plus en plus des hyènes par leurs caractères ostéologiques. Les *Amphycion* fossiles sont intermédiaires entre le loup et le chien et un genre parmi les canidés, le *Cynodon* se rapproche des civettes. Enfin M. Gaudry a rapporté de Grèce vingt-deux crânes et les membres d'une espèce de singe, le *Mesopilhecus Pentelici*, qui relie les macaques aux semnopithèques.

La chaîne des animaux est donc continue, et les lacunes qui semblaient séparer les animaux vivants des animaux fossiles, les animaux fossiles ou les animaux vivans entre eux se comblent journellement. On connaît en paléontologie les passages des reptiles aux oiseaux ; ceux des reptiles aux mammifères existent encore en Australie, ce sont les monotrèmes (ornithorhynque et échidné) ; quelques genres d'animaux inférieurs ont même traversé toute la série des terrains depuis les plus anciens jusqu'à l'époque actuelle : tels sont les encrines, les oursins, les térébratules et les coraux à six ou huit rayons, tandis que les coraux à quatre rayons, leur souche commune, expirent déjà dans la période houillère [8].

Les phénomènes d'atavisme que nous avons constatés dans le règne végétal existent également dans le règne animal. Nous en avons déjà indiqué quelques-uns chez le cheval dont les membres présentent les rudiments avortés et sans usage des os qui sont entiers et fonctionnaient utilement chez les *Palæotherium*. Les exemples foisonnent, je me borne à en indiquer un petit nombre. Les chiens et les autres carnivores qui marchent sur quatre doigts ont un pouce et un gros orteil avortés munis d'un ongle, mais qui ne porte pas sur le sol. L'ornithorhynque et l'échidné ont conservé le sternum de l'ichthyosaure, reptile pélagique éteint, voisin des poissons. Chez lui, ce sternum soutenait des nageoires, chez les monotrèmes ce sont des membres antérieurs dont l'usage est de fouir le sol. Dans les baleines adultes, les dents sont remplacées par des fanons, lames parallèles élastiques implantées dans la mâchoire supérieure : elles ferment la vaste gueule de l'animal, laissent échapper l'eau par leurs interstices, mais arrêtent au passage les petits animaux dont le gigantesque cétacé se nourrit. Chez la jeune baleine, on voit les rudiments de dents analogues à celles des reptiles et des genres voisins, les cachalots et les dauphins ; mais ces dents ne poussent pas et sont remplacées par des fanons. Il en est de même chez les ruminants (bœuf, mouton, cerf, etc.) ; les incisives n'existent qu'à la mâchoire inférieure, mais sous le bourrelet cartilagineux de la mâchoire supérieure on trouve le germe des dents qui ne se sont pas développées. Un paléontologiste distingué, M. le professeur Rutimeyer de Bâle, a été même conduit par ses études à considérer tous les systèmes de première dentition appelée *dentitions de lait* comme ataviques ou héréditaires et les dentitions définitives comme acquises ultérieurement. Issus des sauriens ou lézards munis de deux poumons, les serpens n'en ont qu'un seul qui se prolonge dans le ventre, mais au sommet de ce poumon unique on découvre une petite masse avortée qui représente l'autre poumon.

Ces organes rétrospectifs sont en général rudimentaires et sans usage. L'homme lui-même n'en est pas dépourvu, et je suis forcé de le citer, parce qu'il sait par son expérience personnelle que ces organes ne lui sont d'aucune utilité. Il porte sur sa poitrine

---

I. — continuité de la création. — atavisme.

les traces des mamelles qui ne se développent et ne fonctionnent que chez la femme. Ces traces sont une réminiscence éloignée de l'hermaphroditisme qui caractérise les animaux inférieurs. Parmi les muscles, ceux de l'oreille, incapables de la faire mouvoir, représentent exactement ceux qui impriment des mouvements si rapides et si variés à l'oreille du cheval et de l'âne. Le muscle peaucier, au moyen duquel ces quadrupèdes impriment à leur peau des secousses vibratoires pour chasser les mouches qui l'incommodent, existe également sur les parties latérales du cou de l'homme, mais il est incapable de mouvoir la peau et reste par conséquent sans usage. Je citerai encore le plantaire grêle, auxiliaire inutile des muscles puissants du mollet, mais dont la rupture donne lieu à l'accident connu sous le nom de *coup de fouet*. Mince et sans force chez l'homme, ce muscle est très développé chez les chats ; aussi est-il le principal agent des sauts prodigieux qu'ils exécutent pour atteindre leur proie. Les muscles pyramidaux, réminiscence des muscles qui ferment la poche des marsupiaux, nous reportent aux mammifères inférieurs. La caroncule lacrymale est une trace de la troisième paupière des reptiles et des oiseaux, le coccyx un rudiment de queue, l'appendice vermiforme de l'intestin grêle le cæcum des rongeurs réduit à la grosseur d'un tuyau de plume. La science compte déjà plus de vingt cas authentiques dans lesquels un grain de sable ou un pépin de raisin pénétrant dans cet étroit cul-de-sac ont amené une péritonite suivie de mort. Ainsi donc la série animale comme la série végétale nous offre une foule d'exemples d'atavisme, c'est-à-dire d'organes avortés sans usage pour l'espèce qui les présente, mais qui, bien développés, fonctionnaient utilement chez d'autres espèces moins élevées dans la série. Ces réminiscences sont des preuves inattaquables en faveur de la continuité de la création et de la théorie de la descendance.

Depuis peu de temps, les anatomistes sont entrés dans une autre voie qui a déjà conduit à des résultats importants et confirmatifs de ceux que nous avons énoncés. Les muscles chez l'homme présentent souvent des anomalies dans leurs formes, leurs attaches, leurs divisions en deux ou plusieurs faisceaux. Jusqu'ici les traités d'anatomie humaine se bornaient à signaler ces anomalies, ils ne les discutaient pas. On les croyait rares, elles sont très communes. M. John Wood, professeur d'anatomie au *King's college* de Londres, n'a

Charles Martins

pas observé moins de 558 anomalies sur 36 cadavres seulement [9].
Or, en comparant ces anomalies avec les muscles correspondants des animaux, on reconnaît qu'elles représentent l'état normal des ordres inférieurs à l'homme. Ainsi MM. Wood et Samuel Pozzi ont observé plusieurs fois chez l'homme un muscle appelé *sternalis brutorum* par les anciens anatomistes. Ce muscle est normal chez les singes supérieurs jusqu'aux cynocéphales. D'autres anomalies sont une réminiscence de la forme habituelle de ces muscles chez les carnassiers, les rongeurs, les marsupiaux et même les reptiles. On observe aussi des os anormaux. M. Luschka, professeur à Tubingue, a rencontré sur un homme des os représentant l'*episternum* de beaucoup de mammifères. Les organes intérieurs ne sont pas toujours conformés de la même manière, et M. Samuel Pozzi a signalé chez l'homme la présence accidentelle d'un lobe impair du poumon appelé *azygos*, commun à tous les quadrupèdes. Je m'arrête de peur d'entrer dans des détails trop techniques, et me borne à constater que les anomalies, confirmant les inductions tirées des organes rudimentaires, proclament comme eux l'unité et la continuité dans la création du règne animal ; mais cela ne signifie en aucune façon que l'homme descende du singe. Des écrivains incompétents attribuent souvent cette opinion à Darwin et à ses disciples ; c'est une assertion complètement erronée. Aucun zoologiste sérieux n'a jamais dit que l'homme descendît des singes en général ou d'un singe en particulier, mais depuis Linné tous les naturalistes considèrent l'homme comme faisant partie de la classe des mammifères. Linné le plaçait avec les singes dans l'ordre des primates, car c'est avec les singes qu'il a le plus d'analogies morphologiques, anatomiques et physiologiques. L'homme est sorti du règne animal tout entier, comme le prouvent la structure normale de ses organes en fonction, comparés à ceux des mammifères supérieurs, les organes sans fonctions dont les rudiments font partie de son économie, et enfin les anomalies rétrospectives qui rappellent l'état régulier de ses prédécesseurs dans l'ordre de la création.

I. — continuité de la création. — atavisme.

II. — transitions entre les êtres organisés. — non-existence de l'espèce.

Goethe, âgé de quatre-vingt-deux ans, déclarait [10] que Linné était, après Shakspeare et Spinosa, l'auteur qui avait fait sur lui la plus vive impression. En parlant ainsi, il avait en vue la *Philosophia botanica* de ce naturaliste, livre plein de vues prophétiques dont l'avenir a consacré la justesse : chacune est condensée dans une courte phrase aphoristique, presque toutes sont devenues des axiomes de la science. Une de ces sentences est celle-ci : *natura non fecit saltus*, il n'y a pas de lacunes dans la nature. En effet, si l'on considère l'ensemble du règne organisé, on voit que les formes végétales et animales passent insensiblement les unes aux autres : individus, espèces, genres, familles, embranchements, règnes, rien n'est isolé, tout se tient. Dans cet immense tableau, il n'y a pas de couleurs tranchées, il n'y a que des nuances et des dégradations infinies. Les exemples sont innombrables. Il est des genres où les botanistes n'ont pu s'entendre sur la distinction des espèces, tant elles se confondent les unes avec les autres. Tels sont les genres rose, ronce (*Rubus*), *Hieracium*, etc. Dans certaines familles, les crucifères, les ombellifères par exemple, les limites des genres sont tellement indécises qu'elles n'ont jamais été fixées définitivement. Même observation pour les familles : le genre *Verbascum* est intermédiaire entre les solanées et les scrofularinées, le genre *Detarium* entre les rosacées et les légumineuses, l'*Aphyllantes* entre les liliacées et les joncées. Les classes même ne sont pas séparées par des limites infranchissables. Les nénuphars sont intermédiaires entre les monocotylédones et les dicotylédones, les cycadées entre les fougères et les gymnospermes. Certains champignons, des infusoires problématiques, oscillent entre les végétaux et les animaux. Toutes nos divisions dites naturelles sont, comme Lamarck l'avait déjà dit, réellement artificielles.

Il faut en dire autant du règne animal. En fait d'espèces, on trouve tous les passages imaginables entre la grande marte brune du Poitou et la marte zibeline de Sibérie, qui en paraît si différente. Les espèces de campagnols, de souris, d'écureuils, de chiens sauvages et dans les mammifères supérieurs, la famille des sapajous (*Cebus*), sont composées d'espèces si semblables, si voisines, se confondant tellement les unes avec les autres que l'accord entre les zoologistes ne se fera jamais. Dans les oiseaux, les ornithologistes citent le genre vautour, les fauvettes et les bécasseaux. Dans les poissons, les ichthyologistes se perdent dans la distinction des espèces de morues, de salmones. Les malacologistes ont renoncé à se mettre d'accord dans le genre hélice, cône, *Unio*, huître et térébratules vivantes ou fossiles. Rien de plus frappant qu'une espèce de planorbe (*Planorbis mulliformis*), coquille abondante dans les calcaires d'eau douce de Steinheim, en Wurtemberg. Le docteur Hilgendorf a montré que cette espèce présentait vingt-deux variétés de formes telles que certaines ressemblent à des hélices, d'autres à des scalaires, genres fort différents du genre planorbe. Trouvées dans des couches géologiques distinctes, ces formes, loin d'être reconnues comme des variations d'un même animal, avaient été considérées comme constituant au moins douze espèces appartenant à plusieurs genres séparés.

Comme transitions entre groupes zoologiques, je citerai le galéopithèque, intermédiaire entre les singes et les chauves-souris, la loutre entre les fouines et les phoques, le bœuf musqué du Groenland entre les bœufs et les moutons, le geai entre les oiseaux de proie diurnes et les passereaux. Dans les reptiles, les lézards ont quatre pattes, les bimanes les deux antérieures seulement, les bipèdes et les chalcides les deux postérieures, le *Pseudopus Pallasii* de Dalmatie de petits tubercules sans usage, et dans l'orvet de nos bois, les membres sont cachés sous la peau ; enfin ils disparaissent avec l'os sternal dans les véritables serpents qui sont complètement privés de membres. On voit que la transition est aussi ménagée que possible. Il serait inutile de multiplier les exemples, la loi est générale et sans exception. Les lacunes apparentes se comblent journellement par la découverte d'animaux vivants ou fossiles, et la chaîne interrompue se renoue et se continue.

Une conséquence nécessaire de la loi de l'évolution et de la continuité de la création, c'est que l'*espèce* n'existe pas telle qu'elle était comprise par les naturalistes du temps passé. Pour eux, les êtres organisés avaient été créés séparément, et ils s'imaginaient pouvoir discerner ces êtres isolés propagés par voie de génération successive. Ainsi Linné croyait avoir distingué les espèces telles qu'elles étaient sorties des mains du Créateur. Chez ce grand

II. — transitions entre les êtres organisés. — non-existence de l'espèce.

naturaliste, les facultés synthétiques et analytiques étaient si bien équilibrées que pendant longtemps on admit ses espèces comme des types définitifs. Cependant, en examinant les plantes de plus près, on finit par apercevoir des différences qui avaient échappé à sa sagacité ou qu'il n'avait pas jugées assez importantes pour motiver l'établissement d'une nouvelle espèce et la création d'un nouveau nom. Peu à peu on divisa et on subdivisa les espèces linnéennes. Dans la flore de Suède, le pays de l'Europe le mieux connu sous le point de vue botanique, Linné comptait en 1745 huit espèces du genre *Hieracium*, M. Fries en 1846 en énumère seize. Linné distinguait deux espèces de roses, M. Fries en décrit huit. Il en a été de même dans les autres pays de l'Europe. En 1815, dans sa *Flore française*, De Candolle décrit neuf espèces de ronces (*Rubus*), et en 1848 MM. Grenier et Godron en comptent 24 dans leur *Flore de France*. En 1869, M. Gaston Genevier en distingue 203 dans la seule vallée de la Loire. Tous les genres ne se sont pas accrus dans cette proportion, mais tous ont vu le nombre de leurs espèces augmenter rarement par la découverte d'une forme entièrement nouvelle et inconnue, mais le plus souvent parce qu'on a séparé, distingué et nommé des formes connues que l'on réunissait autrefois sous le même nom spécifique. Quelques botanistes doués au plus haut degré de l'esprit analytique, frappés par les différences, peu sensibles aux analogies, poussent la multiplication à ses dernières limites, et comme on ne trouve pas deux pieds d'une même plante qui se ressemblent complètement, il en résulte que l'idée d'espèce se confond avec celle d'individu. En effet, un observateur attentif, parcourant habituellement une allée de marronniers ou de tilleuls, trouvera en examinant ces arbres dans les quatre saisons de l'année que chacun d'eux présente quelque particularité qui manque à son voisin. Plusieurs botanistes, ayant sous les yeux de nombreux échantillons d'une même plante recueillies dans une même localité, sont incapables de se convaincre réciproquement : l'un voudra comprendre tous ces individus sous un même nom, c'est-à-dire en faire une seule espèce ; l'autre, tenant compte des différences qu'ils présentent toujours, en voudra faire deux, un autre en distinguera trois ou quatre, désignées chacune par un adjectif particulier. L'espèce n'existant pas, c'est-à-dire les plantes et les animaux passant des uns aux autres par des nuances insensibles, le conflit est sans

Charles Martins

solution et l'accord impossible. La notion de l'espèce est donc une notion purement subjective ; ainsi que Lamarck l'avait très bien compris, elle n'a d'existence que dans l'esprit du naturaliste qui la crée. Cependant comme il faut nommer les plantes et les animaux pour les distinguer entre eux, on continuera à *faire des espèces*, pour me servir du terme consacré, mais on ne se querellera plus. Les uns, doués de l'esprit synthétique, s'efforceront de ne distinguer que des êtres qui ont des formes très différentes ; les autres, les esprits analytiques, résisteront à cette tendance, et ne confondront pas des plantes ou des animaux qui sont semblables sans être identiques. C'est un juste équilibre entre ces facultés de l'esprit, l'analyse et la synthèse, qui fait les grands classificateurs : Linné, de Jussieu, Lamarck, les deux De Candolle, Cuvier, Robert Brown, De Blainville, Lindley, Joseph Hooker, Bentham et leurs imitateurs.

Ce serait ici le lieu de parler des causes multiples qui modifient les plantes et les animaux dans leurs caractères extérieurs et les transforment en espèces ; mais ce long chapitre mériterait une étude spéciale. Je me contenterai d'énumérer les causes principales de la transformation : d'abord l'influence du milieu, c'est-à-dire les changements de climat et de conditions d'existence agissant pendant la longue série des périodes géologiques. L'être, s'adaptant peu à peu au nouveau milieu dans lequel il se trouve placé, se modifie, se métamorphose et devient une nouvelle espèce. Une autre cause est l'hybridité, c'est-à-dire les fécondations croisées donnant lieu à un hybride, un métis qui se propage à son tour. Dans le règne animal, nous connaissons les léporides métis du lièvre et du lapin, dans le règne végétal l'*Aegilops triticoïdes*, hybride spontané du blé et de l'*Aegilops ovata*, très commun dans le midi de la France. Une troisième cause est la sélection naturelle, c'est-à-dire la survivance dans la lutte pour l'existence des espèces les mieux douées. Lutte des végétaux entre eux, des animaux entre eux, des végétaux avec les animaux : lutte incessante, éternelle, d'où résulte l'harmonie que nous admirons dans la création. Cette lutte produit un état stable, mais temporaire, qui nous paraît immuable et définitif, parce que nous passons vite sur la terre et que nous observons la nature depuis hier. Notre expérience personnelle est presque nulle, et celle de nos ancêtres civilisés insuffisante. Nous soupçonnons à peine les changements qui se sont opérés avant nous : ceux

---

II. — transitions entre les êtres organisés. — non-existence de l'espèce.

qui s'opèrent sous nos yeux nous échappent par la petitesse des effets, que le temps seul rend appréciables. Cette lutte des êtres organisés entre eux est comparable à celle de forces physiques égales et contraires qui s'annulent réciproquement, et au lieu d'un mouvement produisent le repos. L'homme lui-même, quand il a voulu concilier les antagonismes sociaux, n'a-t-il pas, au lieu de la force qui comprime, essayé d'opposer ces antagonismes l'un à l'autre et de les neutraliser ainsi ? n'a-t-il pas inventé l'équilibre des pouvoirs ? En cela, il ne faisait qu'imiter la nature, et les fondateurs du gouvernement parlementaire en Angleterre appliquaient les doctrines de leur illustre compatriote Charles Darwin avant même qu'il fût né.

III. — preuves tirées de l'embryologie. — accord du principe de l'évolution avec la méthode naturelle.

Pour démontrer l'affinité des êtres organisés, nous les avons considérés jusqu'ici dans leur état adulte, c'est-à-dire l'animal arrivé au terme de sa croissance, la plante munie de ses fleurs et de ses fruits. Nous avons trouvé des analogies nombreuses et variées entre ces êtres achevés ; mais elles le sont encore plus si nous les considérons dans leur première période de développement, dans leur état embryonnaire. Un grand fait fondamental nous frappe d'abord, c'est que tout être organisé, végétal ou animal, procède d'une cellule. La loi est sans exception depuis les algues élémentaires qui ont apparu en premier lieu dans les anciennes mers géologiques jusqu'à l'homme, le dernier venu sur le globe terrestre ; mais dès que l'évolution individuelle commence, des différences se manifestent. Chez les végétaux inférieurs dits inembryonnés, la cellule séparée de sa mère donne directement naissance à l'être nouveau. Chez les végétaux supérieurs, un embryon, une plante en miniature apparaît déjà dans la graine : elle est munie de feuilles primordiales transitoires appelées cotylédons, toujours différentes de celles que la plante portera plus tard. Dans les monocotylédones, qui succèdent hiérarchiquement et géologiquement aux inembryonnés, il n'y a qu'un cotylédon ; dans les végétaux supérieurs, appelés dicotylédonés, il y en a deux, toujours opposés et toujours simples. Ainsi c'est dans l'embryon que nous trouvons le seul trait commun à chacun des trois grands embranchements du règne végétal. Si nous considérons maintenant les subdivisions de ces embranchements, c'est-à-dire les familles naturelles, nous trouvons avec Jussieu que les caractères tirés de l'embryon et de ses enveloppes, c'est-à-dire de la graine, sont encore ceux qui s'appliquent le plus généralement à toutes les plantes d'une même famille. Dans les unes, l'embryon constitue à lui seul toute la graine comme dans les renonculacées et les crucifères ; dans les autres, il est accompagné d'un corps de nature variable appelé albumen ou endosperme. Sa nature fournit également des caractères distinctifs qu'on chercherait vainement dans les fleurs, les fruits ou les feuilles. Farineux dans les graminées, l'albumen est huileux dans les euphorbiacées, corné dans les rubiacées, etc. En un mot, les caractères tirés de l'embryon et de la graine sont en général les seuls qui soient communs à tous les végétaux composant les divisions et les subdivisions du règne végétal. Les plantes ayant toutes une origine commune, on conçoit qu'il en soit ainsi. Leur analogie est encore évidente dans la graine et pendant la germination ; plus tard les différences se manifestent : elles sont dues aux déviations spécifiques résultant du développement ultérieur diversement modifié par les influences variées auxquelles le végétal est soumis.

C'est également dans l'embryologie seulement qu'on a pu trouver en zoologie les caractères généraux qui s'appliquent à tous les animaux d'une même classe. Les petits de tous les mammifères viennent au monde vivants et nus ; la mère les nourrit de son lait. Ceux des oiseaux, des reptiles et des poissons sont renfermés dans un œuf entouré d'une coquille et contenant la substance nutritive de l'embryon dont le développement a lieu pendant l'incubation. Malgré ces différences, tous les embryons se ressemblent dans les premières semaines et témoignent ainsi de leur origine commune. Ainsi les embryons de l'homme, du chien, de la tortue, âgés d'un mois, et celui de la poule au quatrième jour de l'incubation, diffèrent si peu l'un de l'autre qu'on ne saurait les distinguer [11] ; mais, au bout de six ou huit semaines pour les deux mammifères et le reptile et de huit jours pour le poulet, les traits distinctifs apparaissent et s'accentuent à mesure que l'animal s'accroît. Aussi le fondateur de l'embryologie comparée, l'illustre Ernest de Baer,

III. — preuves tirées de l'embryologie. — accord du principe de l'évolution...

avait-il coutume de dire que, s'il oubliait par malheur d'étiqueter les bocaux renfermant les embryons très jeunes qu'il recevait de toutes parts, il lui était dans la suite impossible de dire à quelle classe d'animaux ces fœtus appartenaient. Je comprends l'étonnement des commençants et des gens du monde lorsqu'ils voient que les caractères généraux des grandes divisions du règne animal et du règne végétal sont empruntés à l'embryon, état initial et passager des êtres organisés ; mais, grâce aux doctrines évolutionistes, il est clair que l'embryon seul pouvait fournir ces caractères, car seul il présente l'ensemble de ceux qui sont fondamentaux et communs à toute une classe ; plus tard ils sont masqués par le développement diversifié des êtres qui la composent.

Quand on a voulu diviser une grande classe, les mammifères par exemple, la génération a encore fourni le seul trait commun qui s'appliquât à tous les animaux compris dans les trois subdivisions principales. Chez les mammifères supérieurs, le fœtus acquiert déjà un grand développement dans le sein de la mère avec laquelle il communique par un organe spécial appelé placenta. Dans les mammifères plus inférieurs, appelés didelphes ou marsupiaux, ce fœtus est expulsé de bonne heure et déposé par la mère dans une poche lorsqu'il pèse à peine quelques grammes ; il se greffe sur une tétine, grandit dans cette poche, et s'y réfugie encore au moindre danger lorsqu'il est assez fort pour la quitter. Enfin dans les monotrèmes ou ornithodelphes, le mode de génération est intermédiaire entre celui des vivipares ou mammifères et des ovipares ou reptiles et oiseaux.

L'identité originelle des espèces d'un même ordre nous est révélée également par l'embryologie dans les rangs inférieurs du règne animal. Rien de plus divers que les genres dont se compose l'ordre des crustacés. Un certain nombre d'entre eux avaient été rangés jadis dans la classe des mollusques, et il n'est pas de zoologiste qui ne s'étonne à ses débuts de voir figurer dans un même groupe des animaux aussi différents qu'un anatife, un crabe, une écrevisse, une lernocère et une sacculine ; mais la consanguinité de ces animaux nous est dévoilée par leur forme embryonnaire appelée *Nauplius*, qui est à peu de chose près la même pour tous. De là cette conséquence naturelle que le nauplius est le type originaire qui a donné naissance à tous les crustacés. On pourrait répéter cette démonstration pour un ordre quelconque en s'appuyant sur la paléontologie, qui nous prouve constamment que ces types fondamentaux apparaissent toujours les premiers dans le sein des terrains avant les dérivés qui en sont sortis. Ainsi dans les reptiles ce sont des animaux ressemblant aux protées actuels ; dans les batraciens de petits animaux appelés *Protriton* par M. Gaudry, intermédiaires entre les batraciens munis d'une queue, comme les salamandres, et ceux qui en sont privés comme les grenouilles, issus tous deux d'un type commun, le *Protriton*.

Ces enseignements ne sont pas les seuls que nous donne l'embryologie : au lieu d'embrasser un ordre d'animaux tout entier, si nous considérons un animal en particulier et que nous suivions son développement, nous verrons encore la grande loi de l'évolution se manifester de la manière la plus éclatante. Je prends un exemple généralement connu : la grenouille commune. La femelle pond un œuf fécondé ; mais, quand cet œuf éclot, il en sort un être bien différent de sa mère, un têtard, animal aquatique, muni d'une longue nageoire caudale, respirant par des branchies l'air contenu dans l'eau et mourant asphyxié si on le sort de son élément liquide ; c'est un poisson, mais ce poisson n'est qu'un état transitoire de la grenouille. On voit paraître d'abord les pattes de derrière, puis celles de devant. Pendant que ces pattes s'allongent, la queue se raccourcit et finit par disparaître complètement. Ces changements extérieurs sont accompagnés de modifications intérieures non moins surprenantes. Les vaisseaux qui se rendaient aux branchies s'oblitèrent peu à peu, celles-ci disparaissent insensiblement et sont remplacées par des poumons qui respirent l'air de l'atmosphère ; l'animal purement aquatique est devenu amphibie ; le têtard s'est métamorphosé en grenouille.

Ainsi donc le batracien a d'abord été poisson et est devenu amphibie par suite de changements qui s'opèrent sous nos yeux ; mais cette métamorphose n'est pas spéciale aux batraciens, elle s'opère chez tous les animaux à l'intérieur de l'œuf ou dans le sein de la mère. Dans le premier mois de leur vie embryonnaire, les mammifères, les oiseaux et les reptiles portent sur le cou des fissures indices des branchies des poissons, mais ces branchies ne se développent pas, l'animal recevant le sang de la mère qui a respiré pour lui ou se nourrissant aux dépens du jaune de l'œuf. Le cœur de l'homme et le système de vaisseaux qui en procède rappellent d'abord celui des poissons, puis celui des reptiles, et c'est pour ainsi dire la première inspiration de l'enfant nouveau-né qui, fermant la communication des deux cavités appelées oreillettes, le transforme en un être à respiration purement aérienne [12]. Au commencement de la vie fœtale, les quatre membres sont représentés par de simples palettes attachées directement au tronc ; le bras, l'avant-bras, la cuisse et la jambe apparaissent plus tard, et chez tous l'appendice caudal est plus ou moins développé. Ces embryons ressemblent donc à des poissons comme le têtard de la grenouille ; mais par suite d'une évolution progressive ils deviennent mammifères, oiseaux ou reptiles, suivant qu'ils proviennent d'un animal appartenant à l'une de ces trois classes ; c'est l'évolution individuelle connue sous le nom d'*ontogénie* par opposition à la *phylogénie*, qui expliquait l'évolution d'un type tel que le *Nauplius* par exemple, qui donne naissance à toute la série des crustacés.

Nous ne pouvons pas reconnaître dans les végétaux un développement semblable à l'évolution ontogénique, parce que ces êtres sont trop simples et que leur hiérarchie n'est pas évidente comme celle des animaux. Un végétal dit supérieur ne diffère pas tellement d'un végétal inférieur qu'on puisse apprécier une évolution individuelle. Cependant il y a dans les fougères, après leur germination, un état transitoire qui rappelle singulièrement l'état définitif des végétaux cellulaires. La grande loi de l'évolution se manifeste donc à la fois dans la série végétale et animale depuis l'apparition de ses premiers termes à la surface du globe jusqu'aux temps actuels ; elle se manifeste également, si nous considérons à part une classe de végétaux ou d'animaux, — c'est la *phylogénie*, — et enfin elle se révèle dans chaque individu en particulier, puisqu'il gravit un certain nombre d'échelons pour atteindre celui où se trouve l'être qui lui a donné naissance : c'est l'*ontogénie*.

Signalons une dernière concordance de preuves qui est d'autant plus convaincante qu'elle établit une étroite solidarité entre l'ancienne philosophie des sciences naturelles conçue par Linné, développée par Jussieu, et la nouvelle doctrine dont l'origine remonte à Lamarck. La méthode naturelle, c'est-à-dire la classification des êtres établie sur leurs affinités, avait été indiquée par Magnol et formulée par Linné ; mais c'est Laurent de Jussieu qui en fut le législateur : c'est lui qui établit les bases sur lesquelles elle repose et rédigea le code qui la régit, dans la préface du *Genera plantarum*, qui parut en 1789. À cette époque, la paléontologie végétale n'existait pas, l'anatomie végétale naissait à peine, on ne connaissait qu'un nombre de plantes fort restreint : la doctrine de l'évolution n'était pas même soupçonnée. Guidé par l'instinct du génie, Laurent de Jussieu cherche et trouve dans l'embryon végétal les bases de la classification naturelle ; il comprend que cet état transitoire est le plus important de tous. Aujourd'hui nous savons pourquoi il en est ainsi ; c'est que, les végétaux ayant une origine commune, l'embryon résume en lui les traits primitifs, fondamentaux, qui s'effacent lorsque les végétaux se diversifient en se développant. L'ordre que Linné avait déjà établi dans la classification naturelle des végétaux [13] : acotylédones, polycotylédones (*gymnospermes*), monocotylédones et dicotylédones, Jussieu le conserve et le justifie ; puis il subordonne successivement les organes les moins importants aux plus importants. Empruntant après l'embryon ses caractères d'abord à ses enveloppes, c'est-à-dire à la graine, puis au fruit, ensuite aux étamines, à la corolle, au calice et enfin aux organes foliacés, il établit la série des familles naturelles. Or quel est l'ordre de cette série ? C'est précisément, l'ordre de l'évolution du règne végétal depuis les terrains primaires jusqu'à l'époque actuelle. Ainsi partant d'un principe rationnel, la *subordination des caractères*, Jussieu construit la série évolutive, qu'il ne connaissait pas, telle cependant que nous l'envisageons aujourd'hui. Quelle preuve plus convaincante de la vérité d'une doctrine pour tout homme réfléchi que de voir un grand esprit arriver par des voies différentes à un résultat confirmé un siècle après lui, grâce aux acquisitions et aux progrès des sciences de la nature ?

Le principe de l'évolution n'est point limité aux êtres organisés, c'est un principe général qui s'applique à tout ce qui a un commencement, une durée progressive, une décadence inévitable et une fin prévue. L'application de ce principe est destinée à hâter le progrès de toutes les sciences positives, et à éclairer d'un nouveau jour l'histoire de l'humanité : système solaire, globe terrestre, êtres organisés, genre humain, civilisation, peuples, langage, religions, ordre social et politique, tout suit les lois de l'évolution. Rien ne se crée, tout se transforme. Salomon l'avait déjà compris lorsqu'il disait : *Nihil sub*

III. — preuves tirées de l'embryologie. — accord du principe de l'évolution...

sole novi. L'immobilité, un recul définitif, sont des impossibilités démontrées par l'histoire et confirmées par l'expérience de tous les jours. Les changements brusques, les restaurations violentes ou les bouleversements complets sans racines dans le passé n'ont point de chances dans l'avenir. Le temps est l'auxiliaire indispensable de toute modification durable, et l'évolution de la nature vivante est le modèle et la règle de tout ce qui progresse dans l'ordre physique comme dans l'ordre intellectuel et moral.

notes

1. Voyez une étude sur Lamarck dans la Revue du 1er mars 1873.
2. Discours admirables des pierres, 1580 (Œuvres complètes), édition Cap, p. 275.
3. Acer opulifolium, A. monspessulanum.
4. Gincko biloba.
5. Le genévrier de la plaine devient le genévrier nain de la montagne, le Saxifraga aspera devient Saxifraga bryoides, le pin sylvestre pin de montagne, etc.
6. Elephas Cliftii ou Mastodon elephantoïdes.
7. Hyena eximia.
8. E. Haeckel, Arabische Corallen, p. 48.
9. Variation, in human myology obsersed during the session 1867-1868 (Proceedings of the royal Society, t. XVI, p. 483).
10. Œuvres d'histoire naturelle, traduites par Ch. Martins, p. 191.
11. Voyez Haeckel, Histoire de la Création des êtres organisés, traduction française, pl. II, p. 271.
12. Voyez, pour plus de détails, A. Sabatier, Études sur le cœur, 1873.
13. Philosophia botanica, p. 402.

ISBN : 978-1542606929

Charles Martins